2012中国建筑表现X档案

2012

ARCHITECTURE RENDERING X FILE

DOMICILE ARCHITECTURE【居住建筑】

香港日瀚国际文化传播有限公司 编

中国林业出版社

图书在版编目（CIP）数据

2012中国建筑表现X档案. 居住建筑 / 香港日瀚国际文化传播有限公司编. -- 北京 : 中国林业出版社, 2012.5
ISBN 978-7-5038-6563-3

Ⅰ. ①2… Ⅱ. ①香… Ⅲ. ①住宅－建筑设计－作品集－中国－现代 Ⅳ. ①TU206

中国版本图书馆CIP数据核字(2012)第084189号

责任编辑：何增明 张华
出版：中国林业出版社
E-mail：shula5@163.com 电话：010-83229512
社址：北京西城区德内大街刘海胡同7号
邮编：100009
发行：新华书店北京发行所
印刷：北京市嘉正伟业印刷包装有限公司
开本：245mm×336mm
版次：2012年6月第1版
印次：2012年6月第1次
印张：23
字数：820千字
定价：298元

人类历史上有很多变革，也有过多种改制，但能以短短30年就取得如此辉煌成就的莫过于邓小平先生领导下的中国近些年的改革开放。截至2010年，中国已成为世界第二大经济体。在此背景下，尤其是中国房地产业如火如荼地在全国一、二线乃至三线城市遍地开花，巨大的商机不仅吸引了世界知名建筑设计大师纷纷来华寻找东方梦，还于无形之中带来了另一产业的飞速发展——建筑设计、建筑效果图的崛起，乃至泛滥。

建筑效果图以其多视角的模型、逼真的效果、真实的环境及对复杂细部的表现，迅速引起了设计师们的青睐，它为设计师、开发商及业主之间进行意见商榷、交流搭起了一座沟通的桥梁。一张好的效果图是艺术和技术的完美结合。它追求整体完美，强调颜色搭配、色调和谐，要求画面层次分明、空间感强，恰当处理阴影的变化，使效果图生动逼真，更好表达设计理念。这就要求制作人员不但要精通软件工具的使用，还必须具备一定的艺术修养和绘画基础以及丰富的想象力、创造力与艺术灵感。林语堂先生讲得更是贴切：“最好的建筑是这样的，我们居住其中，却感觉不到自然在哪里终了，艺术在哪里开始。”通读本书，你会发现，这正是日瀚努力想呈现给读者的一种感受。本书精心挑选并收录了全球范围内建筑设计与建筑表现领域里的最新力作，一页页翻阅开来，如同走进了一座关于建筑的艺术殿堂。最先进的建筑设计理念在这里碰撞，最具国际化的建筑作品在这里汇聚，最顶尖的建筑表现手法在这里向你揭开一座座城市过去与未来的变幻。

建筑是一种文化载体。人类社会不断进步，建筑设计前进的步伐永不停歇，建筑表现形式也将更趋多元化。如果有一天，我们文化的载体消失，如同现在的玛雅文明，能给人传承的也许就是那几座神秘的建筑。果戈里说：“建筑是世界的年鉴，当歌曲和传说已经缄默，它依旧还在诉说。”我真心希望“建筑表现x档案”系列丛书能够一如继往地为建筑界的友人提供一个权威性更强、覆盖面更广、信息更全、互动方式更多的交流平台，继续为中国乃至全世界的建筑发展做出更大的贡献。

是以为序。

王建

上海艺酷数字总经理

上海展德设计副总经理

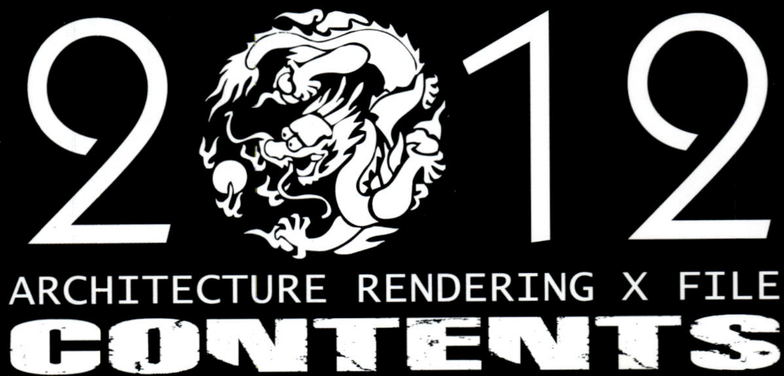

CONTENTS

005
别墅
VILLA

约克郡

设计单位：香港置地
绘图单位：重庆飞鹰图像工作室

约克郡

设计单位：香港置地
绘图单位：重庆飞鹰图像工作室

①

①

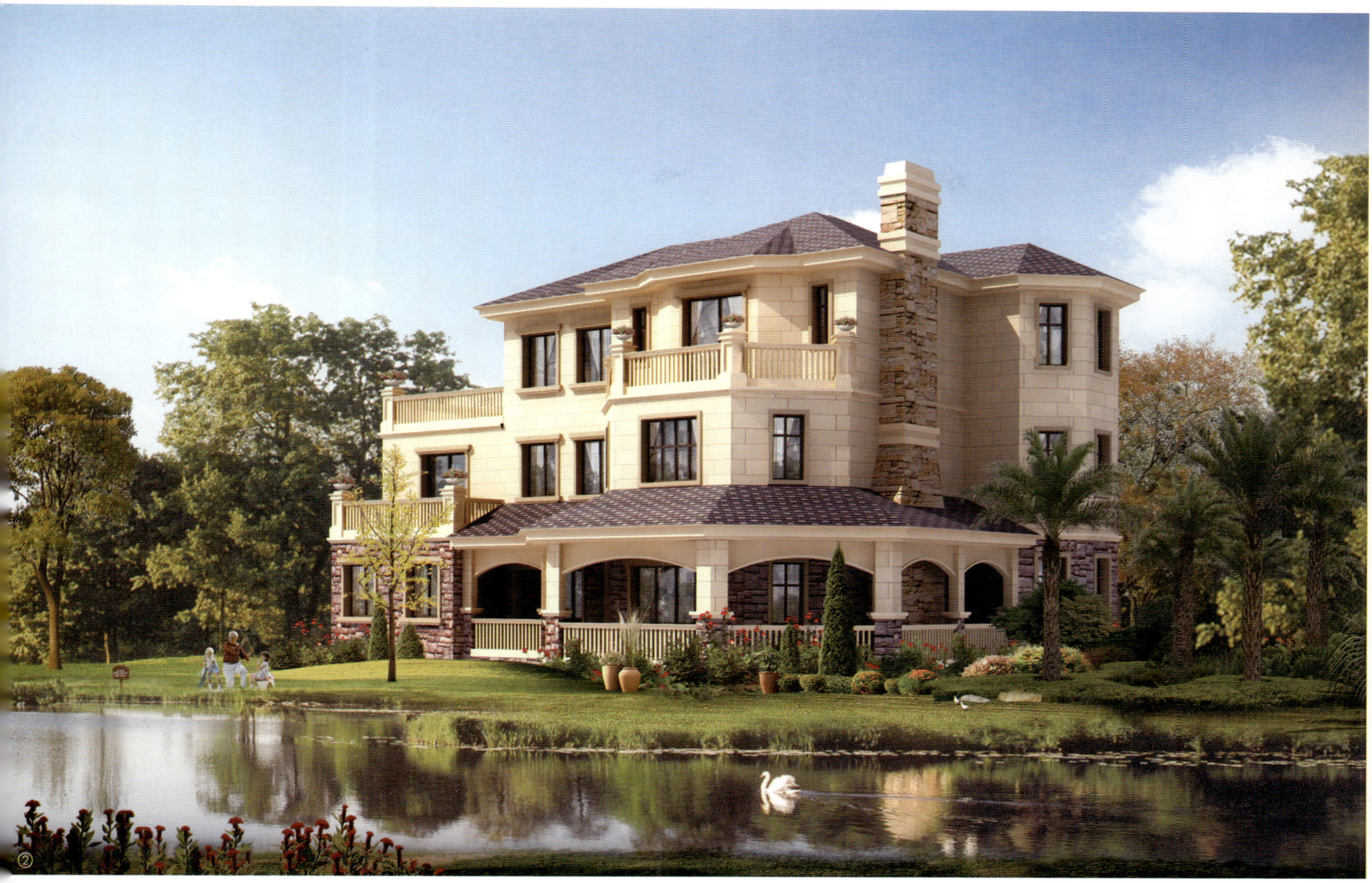

②

① 源和1916
设计单位：泉州市筑城规划建筑设计咨询中心
绘图单位：泉州映像建筑表现

② 某别墅
设计单位：/
绘图单位：上海大然建筑设计有限公司

③ 某私宅
设计单位：机电院深圳分院
绘图单位：深圳市水木数码影像科技有限公司

①

③

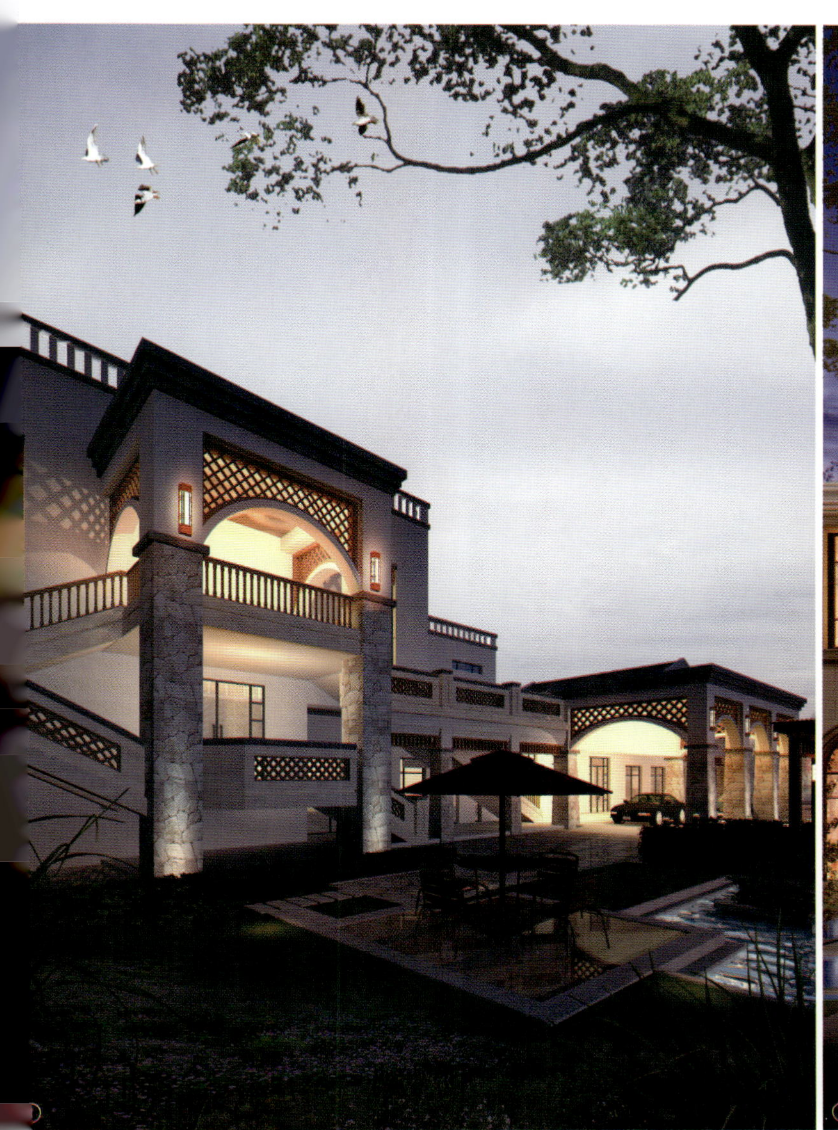

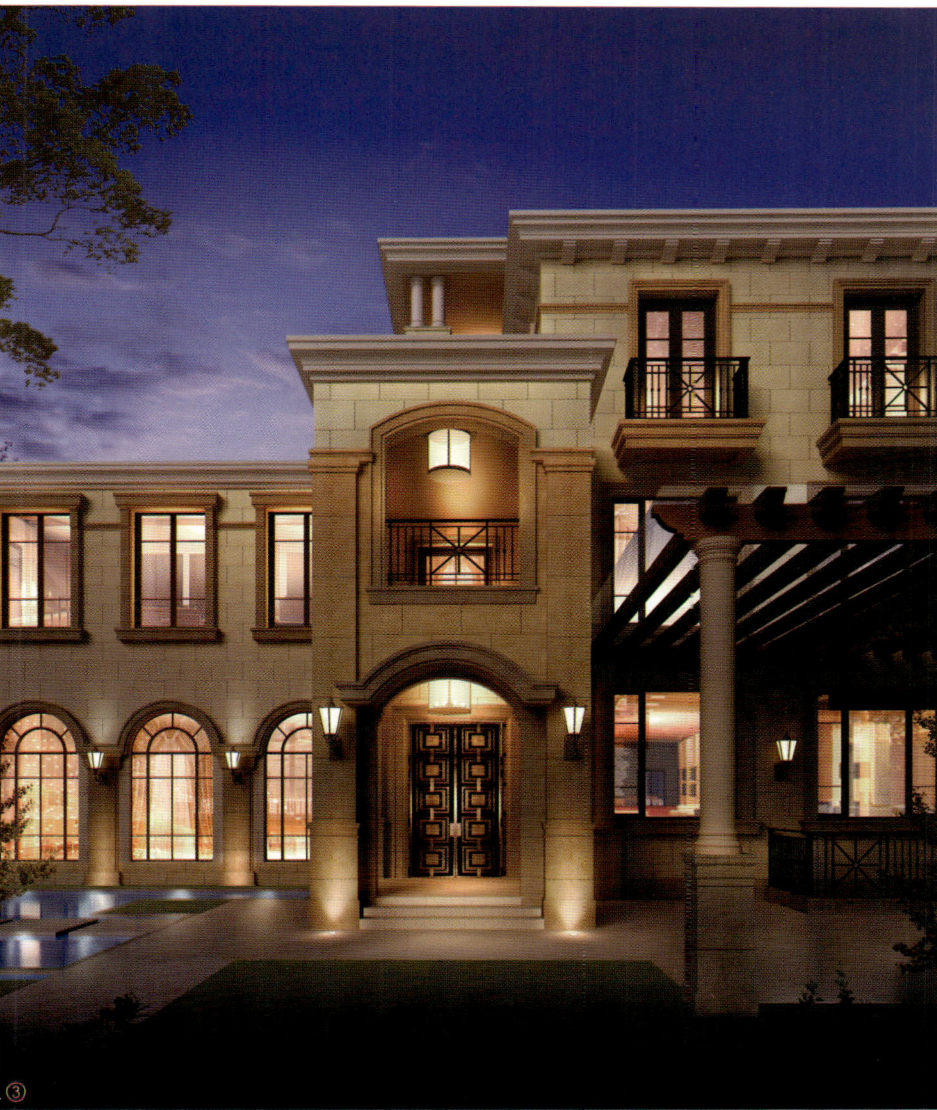

龙湖虎溪

设计单位：龙湖地产

绘图单位：重庆飞鹰图像工作室

龙湖虎溪

设计单位：龙湖地产

绘图单位：重庆飞鹰图像工作室

①

②

③

① 东原香山
设计单位：重庆兴安实业发展有限公司
绘图单位：重庆飞鹰图像工作室

② 圣光别墅项目
设计单位：圣光地产
绘图单位：天津天砚建筑设计咨询有限公司

③ 长沙小镇
设计单位：北林地景园林规划设计
绘图单位：北京远建亦景影像科技有限公司

②

大理波西塔诺
设计单位：云南省设计院/张军 冯高山工作室
绘图单位：昆明速美图文设计有限公司

大理波西塔诺

设计单位：云南省设计院/张军 冯高山工作室
绘图单位：昆明速美图文设计有限公司

大理波西塔诺

设计单位：云南省设计院/张军 冯高山工作室
绘图单位：昆明速美图文设计有限公司

伯仕花园

设计单位：黄山瑞意旅游置业有限公司
绘图单位：宁波土豆多媒体设计有限公司

杭州众安闲林镇别墅

设计单位：上海巷普泰建筑设计咨询有限公司
绘图单位　上海艺酷数字科技有限公司

①

①

①

① 成都龙泉天鹅湖项目

设计单位：上海港普泰建筑设计咨询有限公司

绘图单位：上海艺酷数字科技有限公司

② 郫县花园镇江安住宅

设计单位：珂曼建筑设计

绘图单位：成都丰尚图像设计有限公司

②

① 射阳酩悦加州
设计单位：苏州筑园景观规划设计有限公司/吴辉
绘图单位：苏州天地宸建筑环境设计咨询有限公司

② 湖山雅居
设计单位：深圳市水木清建筑设计事务所
绘图单位：深圳市图腾广告有限公司

①

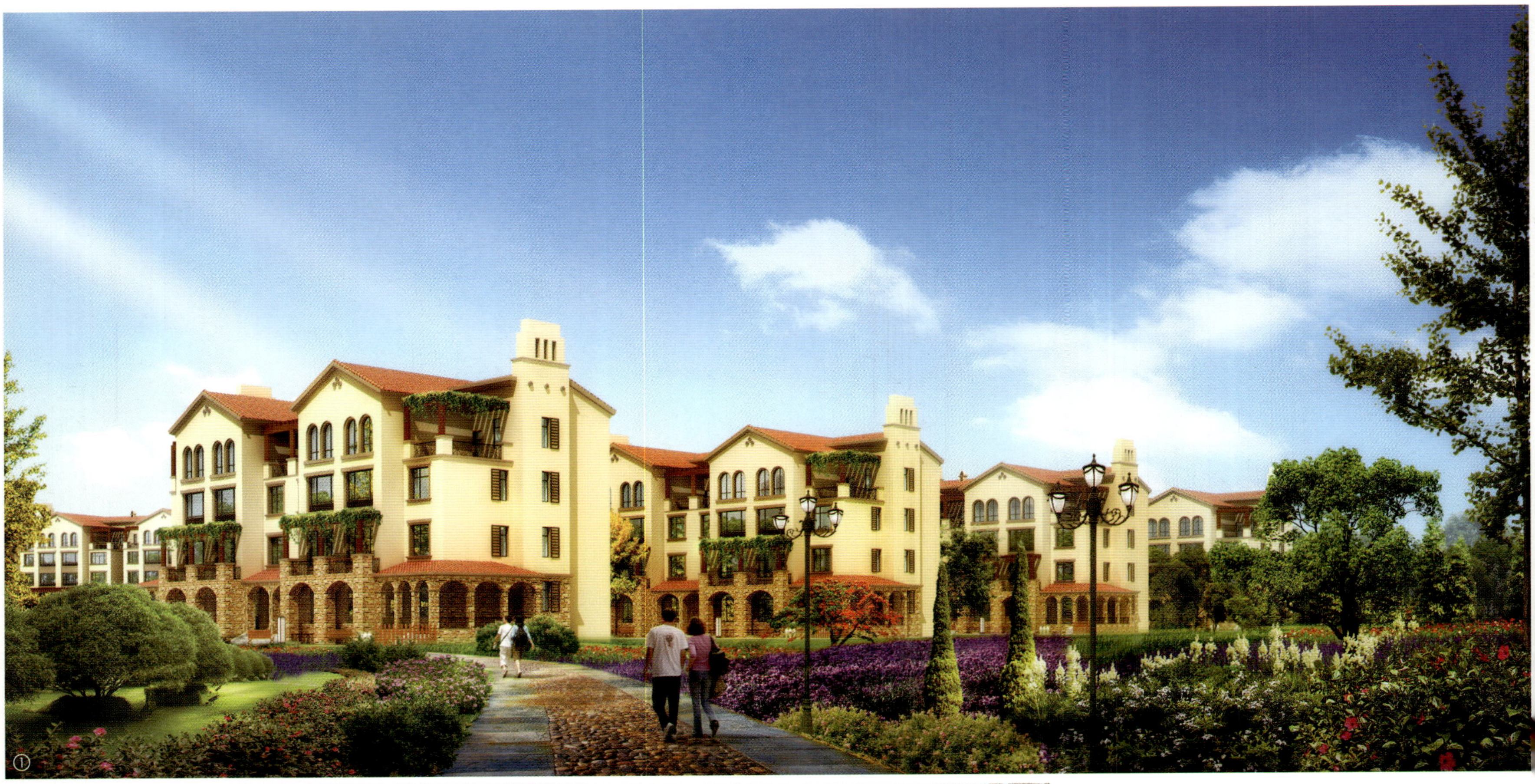

① 龙景花园小区
设计单位：满洲里市建筑设计院/张英超
绘图单位：哈尔滨三力建筑表现公司

② 棠麓源
设计单位：泛华建设集团有限公司重庆设计分公司
绘图单位：重庆飞鹰图像工作室

②

熙龙湾项目

设计单位：深圳市鑫中建建筑设计顾问有限公司
绘图单位：深圳市千寻视觉艺术设计有限公司

①

CARWASH
DETAIL SERVICE
OPEN TODAY

①

① 锦州综合发展项目
设计单位：/
绘图单位：沈阳凡艺图文设计有限公司

② 振业城二期
设计单位：深圳市水木清建筑设计事务所
绘图单位：深圳市图腾广告有限公司

①

①

① 某别墅
设计单位：上海鼎盛建筑设计有限公司
绘图单位：上海鼎盛建筑绘画有限公司

② 某别墅项目
设计单位：深圳市承构建筑咨询有限公司/吴工
绘图单位：深圳市方圆空间数字科技有限公司

①

②

②

①

① 郑州林溪湾别墅方案

设计单位：上海港普泰建筑设计咨询有限公司
绘图单位：上海艺酷数字科技有限公司

② 嘉鱼

设计单位：上海三益建筑设计有限公司
绘图单位：上海思坦德建筑装饰工程有限公司

①

②

①

莱西白鹭湖

设计单位：青岛宏景房地产开发有限公司/姜丽丽
绘图单位：青岛金东数字科技有限公司

① 海口台达高尔夫球场

设计单位：上海新外建工程设计与顾问有限公司
绘图单位：上海艺酷数字科技有限公司

② 哈尔滨某住宅小区

设计单位：博卡设计咨询有限公司
绘图单位：北京远古数字科技有限公司

③ 陈菜园别墅

设计单位：上海王建建筑设计有限公司
绘图单位：上海艺酷数字科技有限公司

①

②

①

③

衡阳水岸花城

设计单位：深圳市博万建筑设计事务所
绘图单位：广州风禾数字技术有限公司

① 衡阳三期
设计单位：深圳市博万建筑设计事务所
绘图单位：广州风禾数字技术有限公司

② 宜春别墅
设计单位：/
绘图单位：南昌艺境建筑表现

②

②

① 胶州少海南湖二期英式庄园
设计单位：/
绘图单位：青岛金东数字科技有限公司

② 某别墅区
设计单位：/
绘图单位：北京回形针图像设计有限公司

③ 太和旺邸
设计单位：/
绘图单位：青岛金东数字科技有限公司

复地南山

设计单位：中国建筑技术集团有限公司重庆分公司
绘图单位：重庆飞鹰图像工作室

②

① 复地南山
设计单位：中国建筑技术集团有限公司重庆分公司
绘图单位：重庆飞鹰图像工作室

② 某别墅
设计单位：／
绘图单位：北京天启时代建筑设计咨询有限公司

③ 红旗谷
设计单位：红旗谷置业有限公司
绘图单位：北京天启时代建筑设计咨询有限公司

③

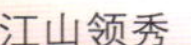

江山领秀

设计单位：大地建筑事务所（国际）重庆公司/孙慧 孙建
绘图单位：重庆市幻象图文设计有限公司

①

②

① 高尔夫别墅

设计单位：上海恩威建筑设计有限公司
绘图单位：上海鼎盛建筑绘画有限公司

② 丽华项目

设计单位：上海恩威建筑设计有限公司
绘图单位：上海鼎盛建筑绘画有限公司

②

法国农庄

设计单位：SWA

绘图单位：宁波土豆多媒体设计有限公司

泰昌

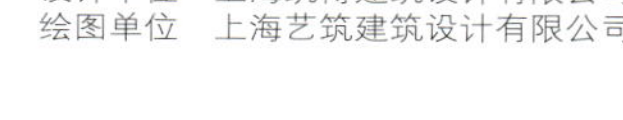
设计单位　上海筑博建筑设计有限公司
绘图单位　上海艺筑建筑设计有限公司

①

②

① 太原别墅
设计单位：上海方度国际建筑设计事务所/施文灿
绘图单位：上海桥智建筑设计有限公司

② 小平岛别墅
设计单位：大连圣岛房地产开发
绘图单位：大连景熙建筑绘画设计有限公司

③ 威海某项目
设计单位：上海豪张思建筑设计有限公司
绘图单位：上海鼎盛建筑绘画有限公司

①

③

威海法式别墅

设计单位：杭州协和建筑/陈小军
绘图单位：杭州地衣建筑设计表现有限公司

① 欧洲小镇
设计单位：划塑设计公司／曾先生
绘图单位：深圳市方圆空间数字科技有限公司

② 某别墅
设计单位：中国建筑东北设计研究院
绘图单位：大连景熙建筑绘画设计有限公司

③ 某别墅
设计单位：大连丹纽建筑设计有限公司
绘图单位：大连景熙建筑绘画设计有限公司

④ 某别墅
设计单位：大连华东设计研究院
绘图单位：大连景熙建筑绘画设计有限公司

②

③

③

③

③

④

欧洲小镇

设计单位：划堃设计公司/曾先生
绘图单位：深圳市方圆空间数字科技有限公司

① 美兰湖别墅

设计单位：上海三益建筑设计有限公司
绘图单位：上海艺酷数字科技有限公司

② 某别墅

设计师：李工
绘图单位：深圳市宣百利艺术设计有限公司

③ 上海宝山别墅

设计单位：上海三益建筑设计有限公司
绘图单位：上海艺酷数字科技有限公司

④ 天津杨柳青别墅

设计单位：上海豪张思建筑设计有限公司
绘图单位：上海鼎盛建筑绘画有限公司

①

①

①

①

②

① 罕台5号地块

设计单位：深圳城建
绘图单位：深圳市水木数码影像科技有限公司

② 吉林省某别墅

设计单位：吉林土木风建筑工程设计有限公司
绘图单位：长春市艺景设计有限公司

某项目

设计单位：/
绘图单位：大连景熙建筑绘画设计有限公司

①

②

③

①

①

某项目

设计单位：/
绘图单位：大连景熙建筑绘画设计有限公司

某住宅项目

设计单位：日清/张工
绘图单位：丝路数码技术有限公司

大连高新万达住宅区

设计单位：大连市建筑设计研究院有限公司
绘图单位：大连景熙建筑绘画设计有限公司

①

②

③

②

④

⑤

① 巴登城小洋房
设计单位：湖北建筑设计院
绘图单位：武汉擎天建筑设计咨询有限公司

② 华艺御屏山庄
设计单位：香港华艺设计顾问有限公司南京分公司/仲宇
绘图单位：南京随影图像设计有限责任公司

③ 金湖别墅
设计单位：上海溯灵建筑设计咨询有限公司
绘图单位：上海筑元创意设计有限公司

④ 北京房山乌林花园
设计单位：北京京西建筑设计院/吴江
绘图单位：北京至美印象建筑设计咨询中心

⑤ 某别墅
设计单位：/
绘图单位：上海冰杉信息科技有限公司

⑥ 玉环别墅
设计单位：上海都易建筑设计有限公司
绘图单位：上海曼延数字科技有限公司

①

① 丽华
设计单位：上海恩威建筑设计有限公司
绘图单位：上海鼎盛建筑绘画有限公司

② 辽宁营口别墅
设计单位：上海九尔建筑师事务所
绘图单位：上海鼎盛建筑绘画有限公司

③ 美兰湖别墅
设计单位：上海恩威建筑设计有限公司
绘图单位：上海鼎盛建筑绘画有限公司

②

①

②

③

① 浦东君庭
设计单位：摩高/马工
绘图单位：丝路数码技术有限公司

② 哈尔滨某住宅小区
设计单位：博卡设计咨询有限公司
绘图单位：北京远古数字科技有限公司

①

②

①

设计单位：摩高/马工
绘图单位：丝路数码技术有限公司

② 天誉别墅

设计单位：上海现代建筑设计集团有限公司西安分院/白宇东 何振国
绘图单位：西安筑木数码科技有限公司

天誉别墅

设计单位：上海现代建筑设计集团有限公司西安分院/白宇东 何振国
绘图单位：西安筑木数码科技有限公司

① 天誉别墅

设计单位：海现代建筑设计集团有限公司西安分院/白宇东　何振国
绘图单位：西安筑木数码科技有限公司

② 某别墅

设计单位：上海现代建筑设计集团有限公司西安分院/白宇东
绘图单位：西安筑木数码科技有限公司

①

②

① 九龙湖
设计单位：浩腾
绘图单位：宁波江北筑景建筑表现设计中心

② 山东滨州中海金都二期
设计单位：帮鼎
绘图单位：宁波江北筑景建筑表现设计中心

③ 银河名苑
设计单位：开元置业
绘图单位：宁波江北筑景建筑表现设计中心

④ 璟月湾
设计单位：市院
绘图单位：宁波江北筑景建筑表现设计中心

①

②

③

④

②

①

②

②

①

① 龙池山

设计单位：/

绘图单位：宁波江北筑景建筑表现设计中心

② 南惠别墅

设计单位：中国建筑西北设计研究院有限公司

绘图单位：上海思坦德建筑装饰工程有限公司

③ 鄂尔多斯

设计单位：上海亚图建筑设计咨询有限公司

绘图单位：上海鼎盛建筑绘画有限公司

①

②

① 重庆双福

设计单位：上海奥森建筑设计有限公司
绘图单位：上海千暮数码科技有限公司

② 青鸟小庄

设计单位：上海亦境建筑景观有限公司
绘图单位：上海千暮数码科技有限公司

墨西哥别墅

设计师：胡适勇

绘图单位：上海赫智建筑设计有限公司

① 某别墅
设计单位：中冶南方
绘图单位：武汉市艺迦艺数码影像有限责任公司

② 马山别墅区
设计单位：/
绘图单位：杭州地衣建筑设计表现有限公司

②

②

③

①

②

①

①

商丘上海花园设计
设计单位：上海锐博建筑设计工作室
绘图单位：上海写意数字图像

加拿大街区
设计单位：/
绘图单位：上海写意数字图像

武汉高尔夫
设计单位：上海汉米敦建筑设计有限公司
绘图单位：上海鼎盛建筑绘画有限公司

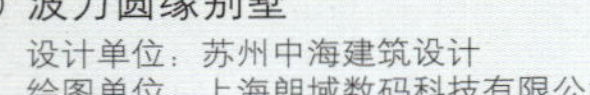

① 波力圆缘别墅
设计单位：苏州中海建筑设计
绘图单位：上海朗域数码科技有限公司

② 周浦
设计单位：天华一所/杨工
绘图单位：丝路数码技术有限公司

③ 花园洋房
设计单位：上海现代华盖建筑设计有限公司
绘图单位：上海思坦德建筑装饰工程有限公司

①

①

①

②

③

①

①

②

②

长春A地块

设计单位：中联程泰宁建筑设计研究院
绘图单位：上海艺筑建筑设计有限公司

青特

设计单位：上海鼎实建筑设计有限公司
绘图单位：上海艺筑建筑设计有限公司

西山天琴湾

设计单位：大连市建筑设计研究院有限公司
绘图单位：北京天启时代建筑设计咨询有限公司

外某别墅

计单位：武汉图道数字科技有限公司

图单位：武汉北极光数码科技有限公司

②

① 瓦房店别墅

设计单位：UDS建筑师工作室

绘图单位：北京云启时代建筑设计咨询有限公司

② 大一山庄

设计单位：广州五合国际建筑设计有限公司上海分公司

绘图单位：上海千暮数码科技有限公司

③ 某住宅

设计单位：广州建科设计研究院/廖工

绘图单位：广州志盛数码科技有限公司

① 地中海别墅

设计单位：SSNNG
绘图单位：上海写意数字图

② 石林项目

设计单位：EBU
绘图单位：丝路数码技术有限公司

②

含山文化村

设计单位：北方−汉沙杨建筑工程设计有限公司/张总
绘图单位：深圳市方圆空间数字科技有限公司

①

②

②

① 万年别墅

设计单位：/
绘图单位　北京远古数字科技有限公司

② 海南龙沐湾

设计单位：中煤科工集团重庆设计研究院十二所/罗诗婕
绘图单位　重庆石音石平面设计工作室

②

②

① 五婆湖别墅
设计单位：前沿设计／蒋工
绘图单位：宁波市前沿数字科技有限公司

② 江阴别墅

设计单位：金佰利
绘图单位：宁波江北筑景建筑表现设计中心

③ 东方明珠
设计单位：中南建筑设计院
绘图单位：武汉北极光数码科技有限公司

③

① 伊拉克提克里特

设计单位：苏州三叶草数码图像设计有限公司/潘社法
绘图单位：苏州三叶草数码图像设计有限公司

② 某住宅

设计单位：泉州市住宅设计院/陈国胜
绘图单位：泉州映像建筑表现

①

②

②

① 大师村项目

设计单位：上海云汉设计公司/谭东
绘图单位：上海右键巢起建筑表现

② 窑埠古镇

设计单位：/
绘图单位：上海日盛景观设计有限公司

①

②

①

②

③

① 福建省科技厅基地

设计单位：亚瑞/陈工
绘图单位：深圳市方圆空间数字科技有限公司

② 陆丰核电

设计单位：上海浦东建筑设计有经验有限公司
绘图单位：上海蓝艺建筑设计有限公司

③ 包头文化路

设计单位：中冶集团北京冶金研究总院/庄苗
绘图单位：北京至美印象建筑设计咨询中心

④ 桐乡乌镇

设计单位：上海中房建筑设计有限公司
绘图单位：上海鼎盛建筑绘画有限公司

⑤ 同里

设计单位：上海中房建筑设计有限公司
绘图单位：上海鼎盛建筑绘画有限公司

④

⑤

岳西

设计单位：/
绘图单位：上海鼎盛建筑绘画有限公司

① 岳西
设计单位：/
绘图单位：上海鼎盛建筑绘画有限公司

② 黄山水云涧
设计单位：上海中房建筑设计有限公司
绘图单位：上海鼎盛建筑绘画有限公司

2

① 南浔奉节
设计单位：/
绘图单位：上海思坦德建筑装饰工程有限公司

② 南浔
设计单位：上海三益建筑设计有限公司
绘图单位：上海思坦德建筑装饰工程有限公司

②

②

②

① 慈爱老年公寓
设计单位：南昌市建筑设计院/孙陟翔
绘图单位：南昌艺境建筑表现

② 某养老院
设计单位：北京炎黄拦河国际工程设计有限公司/范诚
绘图单位：南京随影图像设计有限责任公司

③ 龙腾养老院
设计单位：龙腾设计院/潘工
绘图单位：南京随影图像设计有限责任公司

④ 漳州郭坑
设计单位：/
绘图单位：上海三藏环境艺术设计有限公司

①

②

③

④

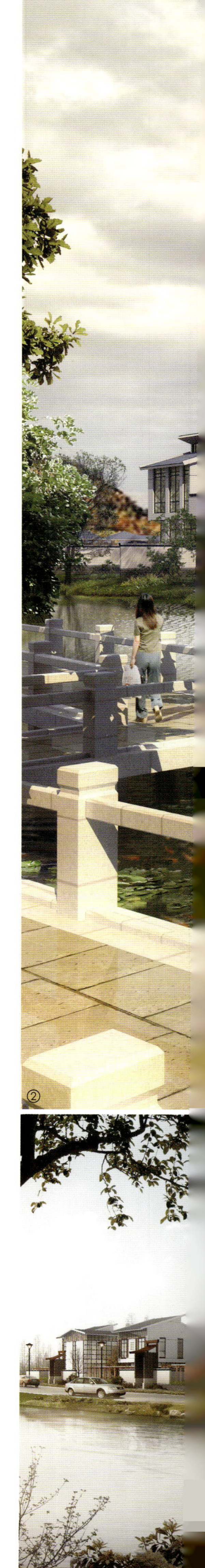

① 某项目
设计单位：/
绘图单位：上海三藏环境艺术设计有限公司

② 某住宅
设计单位：上海吾得斯安建筑设计公司
绘图单位：上海域言建筑设计咨询有限公司

②

① 乐山

设计单位：上海豪张思建筑设计有限公司
绘图单位：上海鼎盛建筑绘画有限公司

② 漳州郭坑

设计单位：/
绘图单位：上海三藏环境艺术设计有限公司

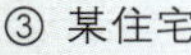

③ 某住宅

设计单位：上海吾得斯安建筑设计公司
绘图单位：上海域言建筑设计咨询有限公司

①

②

③

③

①

①

②

①

①

湖州项目

设计单位：五兹国际／朱巍
绘图单位：上海赫智建筑设计有限公司

某住宅

设计单位：／
绘图单位：北京思创影域数码技术有限责任公司

合川花滩国际概念方案

设计单位：/

绘图单位：重庆市无极动画科技有限公司

①

②

③

① 新中式
设计单位：法国喜邦建筑设计有限公司（南京分部）/郭太保
绘图单位：南京随影图像设计有限责任公司

② 罗浮山
设计单位：深圳华太设计
绘图单位：深圳市图腾广告有限公司

③ 中式联排别墅
设计单位：香港华艺设计顾问有限公司南京分公司/汤瑞
绘图单位：南京随影图像设计有限责任公司

①

②

① 连排别墅
设计单位：/
绘图单位：深圳市华影图像设计有限公司

② 南浔
设计单位：上海三益建筑设计有限公司
绘图单位：上海思坦德建筑装饰工程有限公司

③ 某小独栋方案一
设计单位：/
绘图单位：深圳市华影图像设计有限公司

④ 某小独栋方案二
设计单位：/
绘图单位：深圳市华影图像设计有限公司

⑤ 即墨别墅
设计单位：青岛市民用建筑设计院/殷召辉
绘图单位：青岛金东数字科技有限公司

上实朱家角

设计单位：上海申标建筑设计有限公司
绘图单位：上海思坦德建筑装饰工程有限公司

①

①

②

③

① 回龙谷别墅
设计单位：中科院/李刚
绘图单位：河南灵度建筑景观设计咨询有限公司

② 上海佘山别墅
设计单位：上海华东建设/高工
绘图单位：上海瑞建影像制作公司

③ 南湾村农民别墅
设计单位 南巨方规划设计有限公司/徐慧春
绘图单位：上海翼觉建筑设计咨询有限公司

③

①

②

① 安波别墅

设计单位：大连市建筑设计研究院有限公司
绘图单位：北京天启时代建筑设计咨询有限公司

② 鄂尔多斯中罗

设计单位：联君设计事务所/胡连君 谢志诚
绘图单位：深圳市原典艺术设计有限公司

③ 三亚翠屏

设计单位：/
绘图单位：广州风禾数字技术有限公司

①

①

③

③

景德镇别墅

设计单位：南昌长宇/杨家宾

绘图单位：南昌艺境建筑表现

驼峰

设计单位：云南省设计院/张军 冯高山工作室
绘图单位：昆明速美图文设计有限公司

驼峰

设计单位：云南省设计院/张军 冯高山工作室
绘图单位：昆明速美图文设计有限公司

驼峰

设计单位：云南省设计院/张军 冯高山工作室
绘图单位：昆明速美图文设计有限公司

湖北彭墩项目

设计单位：深圳市鑫中建建筑设计顾问有限公司
绘图单位：深圳市千寻视觉艺术设计有限公司

①

②

③

① 漳州郭坑半岛
设计单位：/
绘图单位：上海三藏环境艺术设计有限公司

② 老宅
设计单位：深圳万脉/戴工
绘图单位：深圳市水木数码影像科技有限公司

③ 漳州郭坑独栋
设计单位：/
绘图单位：上海三藏环境艺术设计有限公司

④ 漳州郭坑双拼别墅
设计单位：/
绘图单位：上海三藏环境艺术设计有限公司

⑤ 井冈山别墅
设计单位：省院研究所/刘凯
绘图单位：南昌艺境建筑表现

湖州某规划项目

设计单位：五兹国际/朱巍

绘图单位：上海赫智建筑设计有限公司

湖州某规划项目

设计单位：五兹国际／朱巍
绘图单位：上海赫智建筑设计有限公司

167
多层社区
COMMUNITY WITH MULTISTORY BUILDINGS

① 某住宅
设计单位：/
绘图单位：北京思创影域数码技术有限责任公司

② 海口台达高尔夫球场
设计单位：上海新外建工程设计与顾问有限公司
绘图单位：上海艺酷数字科技有限公司

③ 洁丽雅龙栖蝶谷
设计单位：九禾设计机构/唐工
绘图单位：重庆城境图文设计有限公司

④ 某住宅
设计单位：/
绘图单位：北京思创影域数码技术有限责任公司

③

③

④

①

①

②

① 立城

设计单位：重庆英才中域建筑设计有限公司
绘图单位：重庆飞鹰图像工作室

② 辉县洋房

设计单位：河南金土地景观设计有限公司
绘图单位：郑州玖月图文设计有限公司

③ 林海港湾

设计单位：中科院建筑设计研究院有限公司河南分公司/邬泽勇 姚工
绘图单位：河南灵度建筑景观设计咨询有限公司

③

①

①

①

②

合川项目

设计单位：重庆源道建筑设计公司/林铃
绘图单位：重庆石音石平面设计工作室

哈尔滨某住宅小区

设计单位：博卡设计咨询有限公司
绘图单位：北京远古数字科技有限公司

①

①

①

① 凰城华府
设计单位：重庆利安物业有限责任公司
绘图单位：重庆飞鹰图像工作室

② 浙铝生活区二期
设计单位：浙江绿建建筑设计有限公司
绘图单位：上海艺筑建筑设计有限公司

① 鲁宁湖东郦城
设计单位：上海百致建筑设计有限公司
绘图单位：上海艺筑建筑设计有限公司

② 哈尔滨群力某小区
设计单位：哈尔滨建工建筑设计院/正军威
绘图单位：哈尔滨三力建筑表现公司

③ 宋星峰
设计单位：/
绘图单位：深圳市宜百利艺术设计有限公司

④ 山东聊城
设计单位：深圳市博万建筑设计事务所
绘图单位：广州风禾数字技术有限公司

①

①

②

③

① 海南小镇

设计单位：艾迪石（上海）建筑设计咨询有限公司
绘图单位：上海曼延数字科技有限公司

② 呼伦贝尔经济开发区仁和小区

设计单位：呼伦贝尔建筑勘察设计研究院
绘图单位：黑龙江省日盛图像设计有限公司

③ 无锡轻工住宅

设计单位：上海中建建筑设计院有限公司
绘图单位：上海艺筑建筑设计有限公司

①

②

①

③

某项目

设计单位：/

绘图单位：郑州玖月图文设计有限公司

neon

① 某项目
设计单位：/
绘图单位：郑州玖月图文设计有限公司

② 上海之春
设计单位：上海镜越建筑/王威
绘图单位：上海大然建筑设计有限公司

①

①

①

①

) 烟台住宅

设计单位：LWK(HK)
绘图单位：深圳市水木数码影像科技有限公司

) 祥合世家

设计单位：南昌长宇/杨家宾
绘图单位：南昌艺境建筑表现

) 哈尔滨某住宅小区

设计单位：博卡设计咨询有限公司
绘图单位：北京远古数字科技有限公司

① 枫华富地二期
设计单位：慈溪泰兴房产
绘图单位：宁波江北筑景建筑表现设计中心

② 西王佐住宅
设计单位：/
绘图单位：北京远古数字科技有限公司

③ 滨江三号
设计单位：大连市建筑设计研究院有限公司
绘图单位：大连景熙建筑绘画

④ 杏林小区
设计单位：上海云汉设计公司/谭东
绘图单位：上海右键巢起建筑表现

③

④

①

②

① 泰兴汽车西站住宅
设计单位：德国K&P(柯林戈)建筑设计有限公司
绘图单位：上海艺酷数字科技有限公司

② 海南乐东项目
设计单位：深圳市星空大地生态景观有限公司
绘图单位：深圳市千寻视觉艺术设计有限公

③ 平阳某项目
设计单位：上海群马建筑设计咨询有限公司
绘图单位：上海翼觉建筑设计咨询有限公司

① 依山郡

设计单位：重庆乔恩建筑设计咨询有限公司/艾维涛
绘图单位：重庆石音石平面设计工作室

② 无锡金域堤香

设计单位：日清/刘工
绘图单位：丝路数码技术有限公司

③ 伟东幸福之城G区

设计单位：青岛市建筑设计研究院/刘孟涛
绘图单位：青岛金东数字科技有限公司

①

②

③

苏州城投

设计单位：浙江伍道・泰格/蓝捷
绘图单位：杭州地衣建筑设计表现有限公司

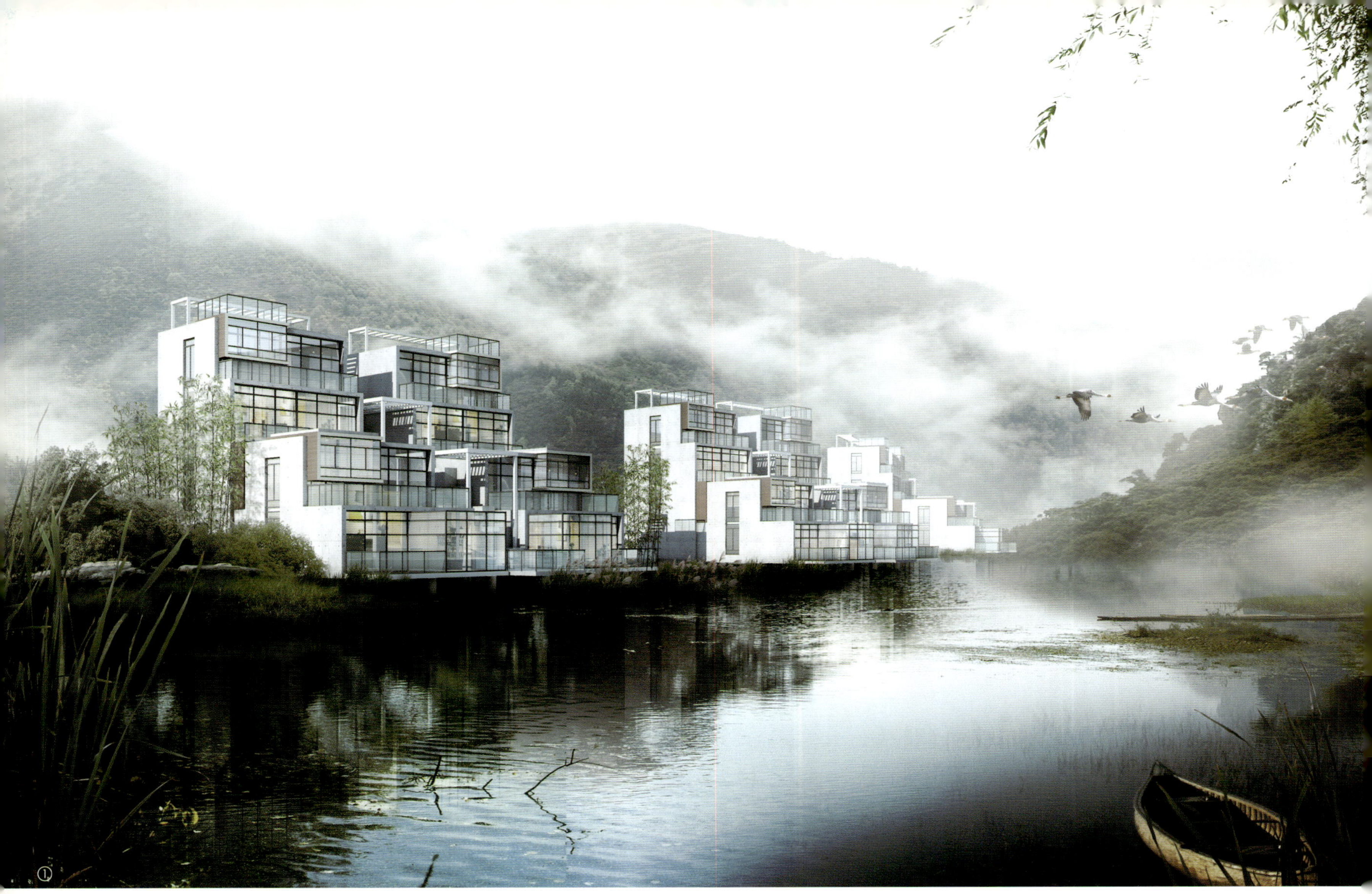

① 漳州郭坑双拼别墅

设计单位：/
绘图单位：上海三藏环境艺术设计有限公司

② 盘锦小六队

设计单位：/
绘图单位：北京天启时代建筑设计咨询有限公司

③ 贵州项目

设计单位：家恒设计机构/冉工
绘图单位：重庆城境图文设计有限公司

④ 抚顺同城

设计单位：/
绘图单位：沈阳凡艺图文设计有限公司

④
②

① 招商城市花园
设计单位：深圳华阳国际设计
绘图单位：深圳市水木数码影像科技有限公司

② 海南某项目
设计单位：东南大学建筑设计研究院深圳分院/曾广彩
绘图单位：深圳市宜百利艺术设计有限公司

③ 海口木兰湾
设计单位：北京力天华盛建筑设计咨询有限责任公司
绘图单位：北京力天华盛建筑设计咨询有限责任公司

① 某住

设计单位：

绘图单位：宁波江北筑景建筑表现设计中

② 耀森 · 水映澜

设计单位：四川省建筑设计院A2建筑工作

绘图单位：成都腾风图文设计有限公

某项目

设计单位：/

绘图单位：杭州地衣建筑设计表现有限公司

201 高层社区

COMMUNITY WITH HIGH-RISE BUILDINGS

①

① 北仑凤洋一路E地块(2)
设计单位：华丰置业/黄工
绘图单位：宁波市前沿数字科技有限公司

② 北仑凤洋一路E地块(1)
设计单位：华丰置业/黄工
绘图单位：宁波市前沿数字科技有限公司

②

③

③

西安投标项目
设计单位：深圳市博万建筑设计事务所
绘图单位：广州风禾数字技术有限公司

湖州住宅
设计单位：中建国际/武工
绘图单位：丝路数码技术有限公司

博雅海润广场
设计单位：博雅置地
绘图单位：绵阳金麒麟建筑图像设计有限公司

①
①
CHANEL
Connecticut
KENZO
BOSS
swatch
①
②

① 大同绿地

设计单位：中联程泰宁建筑设计研究院
绘图单位：上海艺筑建筑设计有限公司

② 云南城投

设计单位：上海港普泰建筑设计咨询有限公司
绘图单位：上海艺酷数字科技有限公司

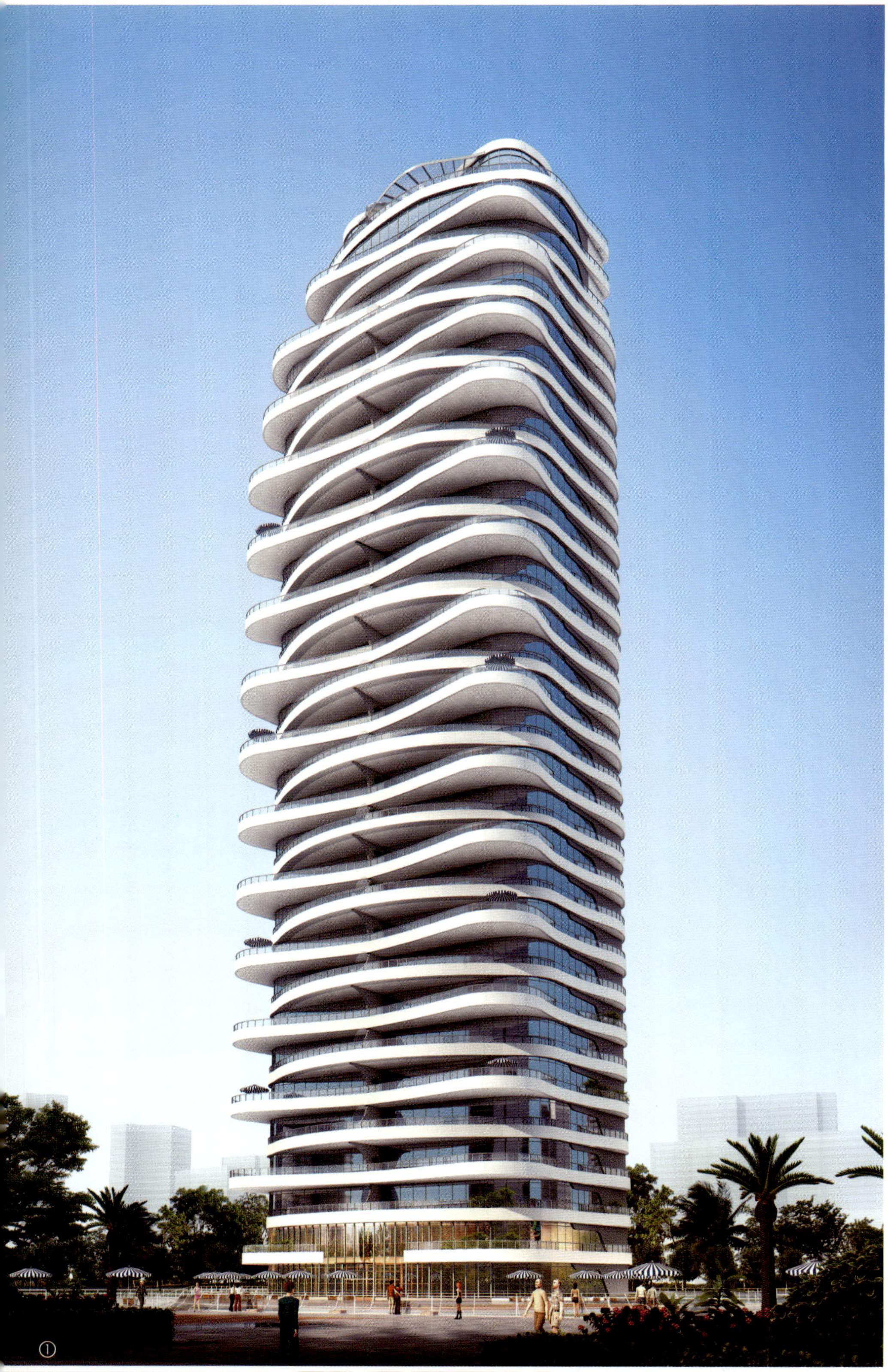

① 华府天坩

设计单位：上海恩威建筑设计有限公

绘图单位：上海鼎盛建筑绘画有限公

② 新疆商住

设计单位：香港康亘轩建筑设计事务

绘图单位：上海艺酷数字科技有限公

Meters/bonwe
Juiced Up
VERSACE

①

①

②

① 君临天下
设计单位：/
绘图单位：深圳市宜百利艺术设计有限公司

② 广西防城港
设计单位：轻工院四所
绘图单位：武汉市艺迦艺数码影像有限责任公司

③ 某公建
设计单位：/
绘图单位：北京思创影域数码技术有限责任公司

创智天地

设计单位：天华一所/王工
绘图单位：丝路数码技术有限公司

天津项目

设计单位：云翔中国/商砚穿

绘图单位：上海赫智建筑设计有限公司

① 天津项目
设计单位：云翔中国/商砚穿
绘图单位：上海赫智建筑设计有限公司

② 某住宅
设计师：胡世勇
绘图单位：上海赫智建筑设计有限公司

① 富地伍爱

设计单位：上海刘志筠建筑设计事务所
绘图单位：上海艺筑建筑设计有限公司

② 常化厂

设计单位：上海三益建筑设计有限公司
绘图单位：上海筑元创意设计有限公司

③ 新天力北辰路项目

设计单位：中联西北工程设计研究院/唐振宇 陈琰
绘图单位：西安筑木数码科技有限公司

①

②

②

①

②

① 宏发
设计单位：东南大学建筑设计研究院深圳分院/朱俊庆
绘图单位：深圳市宜百利艺术设计有限公司

② 某住宅
设计单位：深圳市承构建筑咨询有限公司
绘图单位：深圳市图腾广告有限公司

① 淮安小区

设计单位：浙江省建工建筑设计院有限公司/高永春
绘图单位：杭州地衣建筑设计表现有限公司

② 某住宅小区

设计单位：书乐设计
绘图单位：武汉市艺迦艺数码影像有限责任公司

③ 瑞昌

设计单位：泛太平洋设计与发展有限公司/吴工
绘图单位：上海艺筑建筑设计有限公司

①

①

①

①

① 惠州住宅

设计单位：深圳中航建筑设计
绘图单位：深圳市水木数码影像科技有限公司

② 某住宅

设计单位：/
绘图单位：北京思创影域数码技术有限责任公司

①

①

① 某小区
设计单位：中国建筑西北设计研究院上海分院
绘图单位：上海思坦德建筑装饰工程有限公司

② 某住宅小区
设计单位：中国建筑西北设计研究院上海分院
绘图单位：上海思坦德建筑装饰工程有限公司

①

①

①

① 上海荣联住宅
设计师：陈东昌 胡军
绘图单位：上海艺酷数字科技有限公司

② 沛县汉城国际花苑
设计单位：/
绘图单位：上海筑元创意设计有限公司

①

②

③

① 绍兴柯桥朗诗

设计单位：/

绘图单位：杭州地衣建筑设计表现有限公司

② 海南项目

设计单位：中外建/陈宇

绘图单位：上海赫智建筑设计有限公司

③ 太仓

设计单位：浙江省建工建筑设计院有限公司

绘图单位：杭州地衣建筑设计表现有限公司

③

成都环美

设计单位：重庆英才中域建筑设计有限公司
绘图单位：重庆飞鹰图像工作室

① 电大小区
设计单位：上海云汉设计公司/谭东
绘图单位：上海右键巢起建筑表现

② 汉阳红莲湖
设计单位：中冶南方
绘图单位：武汉市艺迦艺数码影像有限责任公司

③ 三角洲国际广场
设计单位：上海百致建筑设计有限公司
绘图单位：上海艺筑建筑设计有限公司

④ 国际社区
设计单位：中冶南方
绘图单位：武汉市艺迦艺数码影像有限责任公司

④

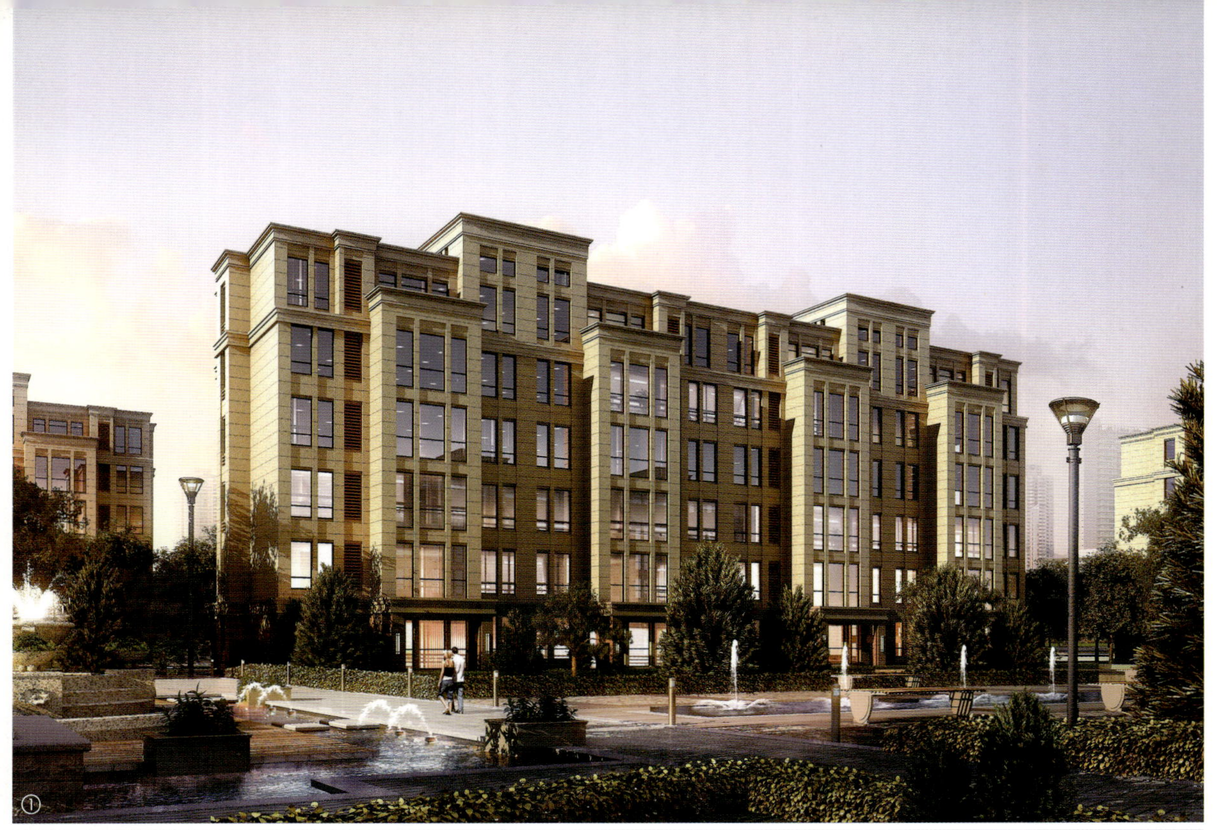

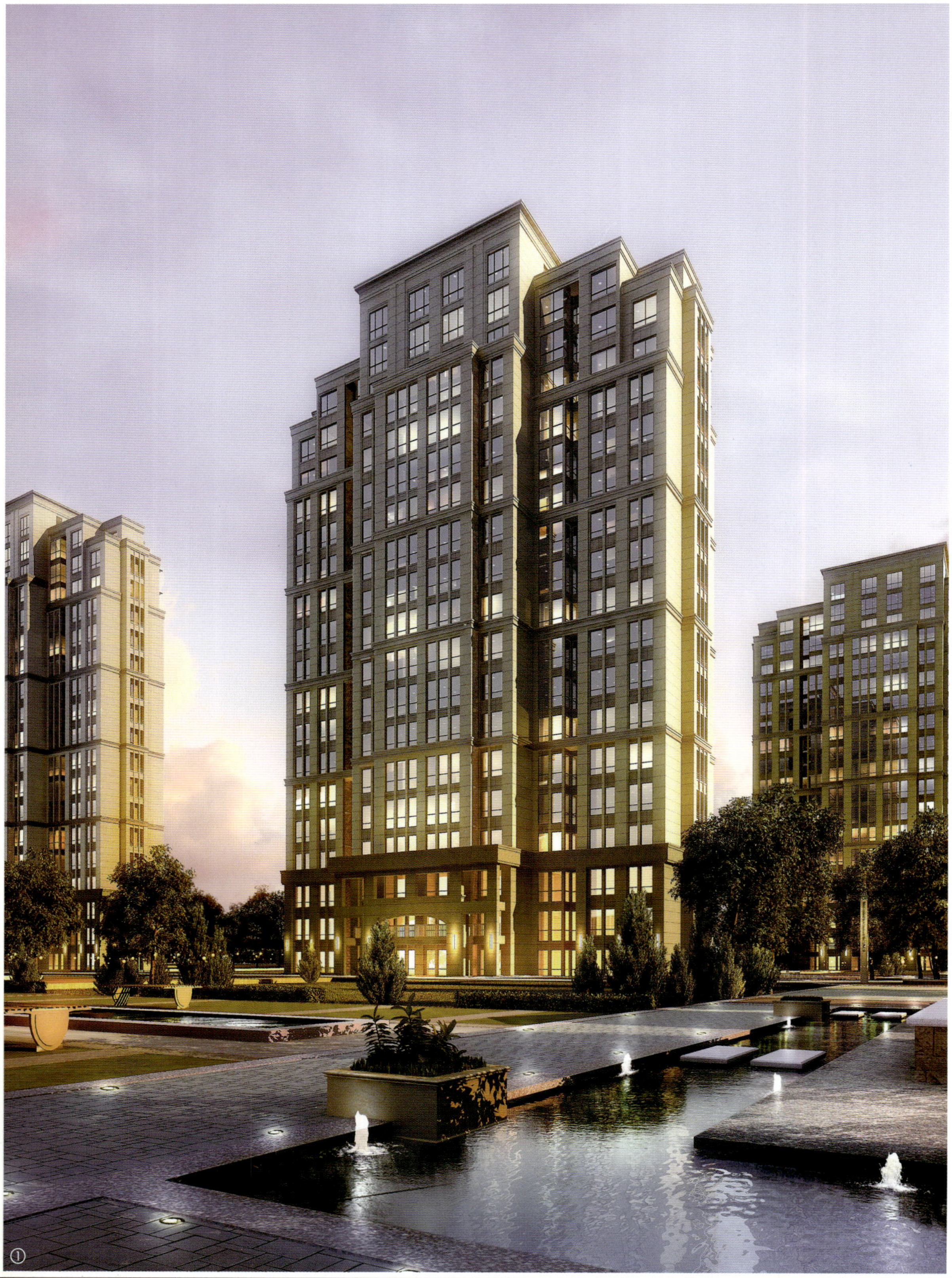

① 山东东营北一路E地块高层
设计单位：上海百致建筑设计有限公司
绘图单位：上海艺筑建筑设计有限公司

② 三角洲国际广场
设计单位：上海百致建筑设计有限公司
绘图单位：上海艺筑建筑设计有限公司

商业综合体

设计单位：香港·杰罗德李建筑设计咨询有限公司/黎鸿伟

绘图单位：沈阳凡艺图文设计有限公司

①

① 三角洲国际广场

设计单位：上海百致建筑设计有限公司
绘图单位：上海艺筑建筑设计有限公司

② 泰华

设计单位：上海百致建筑设计有限公司
绘图单位：上海艺筑建筑设计有限公司

记南洋

计师：彭工

图单位：上海赫智建筑设计有限公司

①

①

①

①

① 潍坊住宅小

设计单位：上海同方院/周
绘图单位：杭州地衣建筑设计表现有限公

② 贵州某项

设计单位：北京维拓时代建筑设计有限公
绘图单位：北京天启时代建筑设计咨询有限公

②

②

②

①

②

① 延吉汪清林业局小区规

设计单位：

绘图单位：北京天启时代建筑设计咨询有限公

② 丹桂华

设计师：万国

绘图单位：上海赫智建筑设计有限公

③ 山东临沂小区规

设计单位：北京SYN建筑社稷/邹迎

绘图单位：北京龙安华诚建筑设计有限公

④ 福建永

设计单位：上海百致建筑设计有限公

绘图单位：上海艺筑建筑设计有限公

⑤ 某住

设计师：徐庆

绘图单位：上海赫智建筑设计有限公

③

③

⑤

① 湖州车城住宅项目

设计单位：五兹国际
绘图单位：上海赫智建筑设计有限公司

② 包头400亩

设计单位：泛太平洋设计与发展有限公司/吴工
绘图单位：上海艺筑建筑设计有限公司

③ 长春信达

设计单位：中联程泰宁建筑设计研究院
绘图单位：上海艺筑建筑设计有限公司

①

②

③

柏百顺

设计师：孙伟

绘图单位：深圳市宜百利艺术设计有限公司

① 某豪华住宅

设计师：朱洪刚
绘图单位：上海赫智建筑设计有限公司

② 赤峰300亩

设计单位：上海海珠建筑设计有限公司
绘图单位：上海艺筑建筑设计有限公司

②

①

①

①

①

① 山东淄博淄川项目
设计单位：云翔中国/商砚穿
绘图单位：上海赫智建筑设计有限公司

② 万城某小区
设计单位：上海群马建筑设计咨询有限公司/马小强
绘图单位：上海翼觉建筑设计咨询有限公司

① 山西小区
设计单位：上海海珠建筑设计有限公司
绘图单位：上海艺筑建筑设计有限公司

② 秦皇岛a—1地块
设计单位：上海摩德MOD建筑有限公司/陈冰 石远清
绘图单位：上海瑞建影像制作公司

① 鄂尔多斯移民村
设计单位：上海海珠建筑设计有限公司
绘图单位：上海艺筑建筑设计有限公司

② 建瓯东一号
设计单位：东江设计院/魏工
绘图单位：上海瑞建影像制作公司

①

②

泰州欣成

设计单位：泛太平洋设计与发展有限公司
绘图单位：上海艺筑建筑设计有限公司

① 红豆小区

设计单位：南京长江都市设计股份有限公司/庄工
绘图单位：南京随影图像设计有限责任公司

② 公元世家

设计单位：开投置业
绘图单位：宁波江北筑景建筑表现设计中心

③ 寿光方案

设计单位：上海百致建筑设计有限公司
绘图单位：上海艺筑建筑设计有限公司

④ 商帮西侧地块

设计单位：/
绘图单位：宁波江北筑景建筑表现设计中心

①

②

③

④

珐鼎园

设计单位：银亿
绘图单位：宁波江北筑景建筑表现设计中心

① 武汉A03
设计单位：上海大橡建筑设计事务所
绘图单位：上海鼎盛建筑绘画有限公司

② 威星花园
设计单位：上海中房建筑设计有限公司
绘图单位：上海鼎盛建筑绘画有限公司

③ 某住宅
设计单位：上海市建工设计研究院有限公司
绘图单位：上海域言建筑设计咨询有限公司

① 某住宅

设计单位：泉州善匠建筑工作室／吴崇昊
绘图单位：泉州映像建筑表现

② 南桥新城

设计单位：上海众鑫建筑设计研究院有限公司
绘图单位：上海域言建筑设计咨询有限公司

②

①

①

②

某住宅

设计单位：泉州市建筑设计院/陈欣
绘图单位：泉州映像建筑表现

某住宅

设计单位：泉州市建筑设计院/陈欣

绘图单位：泉州映像建筑表现

①

① 沧州兰亭苑

设计单位：北京荣盛景程建筑设计有限公司
绘图单位：北京回形针图像设计有限公司

② 万业湖项目

设计单位：/
绘图单位：深圳市千寻视觉艺术设计有限公司

芜湖项目
设计单位：/
绘图单位：上海三藏环境艺术设计有限公司

蓝海星港

设计单位：青岛市建筑设计研究院/陈斌 姜错 李文祥
绘图单位：青岛金东数字科技有限公司

①

②

③

③

① 北仑凤洋一路E地块
设计单位：华丰置业/黄工
绘图单位：宁波市前沿数字科技有限公司

② 北仑凤洋一路E地块（3）
设计单位：华丰置业/黄工
绘图单位：宁波市前沿数字科技有限公司

③ 梅州项目
设计单位：中外建/王良
绘图单位：上海赫智建筑设计有限公司

① 睢宁住宅项目
设计师：黎工
绘图单位：上海桥智建筑设计有限公司

② 姜堰
设计单位：/
绘图单位：上海思坦德建筑装饰工程有限公司

③ 阿城绿海新区
设计单位：哈尔滨工业大学设计院/李大为
绘图单位：哈尔滨三力建筑表现公司

④ 瑞安某项目
设计单位：上海群马建筑设计咨询有限公司/马小强
绘图单位：上海翼觉建筑设计咨询有限公司

②

③

④

①

①

① 东莞汉邦福地项目
设计单位：城设
绘图单位：深圳市原典艺术设计有限公司

② 城设成都东骏
设计单位：城设
绘图单位：深圳市原典艺术设计有限公司

阳某小区

计单位：上海群马建筑设计咨询有限公司/马小强

图单位：上海翼觉建筑设计咨询有限公司

包头某项目
设计单位：加拿大丹纽建筑有限公司/姜旭
绘图单位：大连蓝色海岸设计有限公司

289
公寓
COMPREHENSIVE

中联B小区项目

设计单位：中联建业

绘图单位：上海朗域数码科技有限公司

超高层公寓

设计单位：深圳市水木清建筑设计事务所
绘图单位：深圳市图腾广告有限公司

超高层公寓

设计单位：深圳市水木清建筑设计事务所

绘图单位：深圳市图腾广告有限公司

① 深圳金领公寓
设计单位：LWK(HK)
绘图单位：深圳市水木数码影像科技有限公司

② 大连星海商业公寓
设计师：王邦言
绘图单位：上海赫智建筑设计有限公司

大连星海商业公寓

设计师：王邦言

绘图单位：上海赫智建筑设计有限公司

299
综合社区
COMPLEX COMMUNITY

某住宅小区

设计单位：/

绘图单位：福州全景计算机图形有限公司

如皋城市一品

设计师：徐庆国

绘图单位：上海赫智建筑设计有限公司

①

①

③

②

②

① 山东临淄棠悦

设计单位：深圳迈特建筑设计顾问有限公司/陈工
绘图单位：深圳市方圆空间数字科技有限公司

② 某住宅小区

设计单位：/
绘图单位：福州全景计算机图形有限公司

③ 遵义万豪

设计单位：清华苑/甘工
绘图单位：深圳市方圆空间数字科技有限公司

②

无锡住宅小区

设计单位：上海乐图建筑咨询有限公司
绘图单位：上海艺酷数字科技有限公司

① 海上郡
设计单位：大连市建筑设计研究院有限公司
绘图单位：北京天启时代建筑设计咨询有限公司

② 蔚蓝海岸
设计单位：深圳市承构建筑咨询有限公司
绘图单位：深圳市图腾广告有限公司

① 武汉百瑞景

设计单位：泛太平洋设计与发展有限公司/吴工
绘图单位：上海艺筑建筑设计有限公司

② 湖东郦城

设计单位：上海百致建筑设计有限公司
绘图单位：上海艺筑建筑设计有限公司

①

①

②

① 西安投标项目
设计单位：深圳市博万建筑设计事务所
绘图单位：广州风禾数字技术有限公司

② 某住宅
设计单位：/
绘图单位：上海思坦德建筑装饰工程有限公司

②

②

热岛黄金海岸

设计单位：大连市建筑设计研究院有限公司
绘图单位：北京天启时代建筑设计咨询有限公司

某小区规划

设计单位：高教设计院/陈工

绘图单位：广州志盛数码科技有限公司

某小区规划

设计单位：高教设计院/陈工
绘图单位：广州志盛数码科技有限公司

成都万华小区

设计师：邓晓科
制图单位：深圳市原创力数码影像设计有限公司

无锡复地

设计单位：上海刘志筠建筑设计事务所/何工
绘图单位：上海艺筑建筑设计有限公司

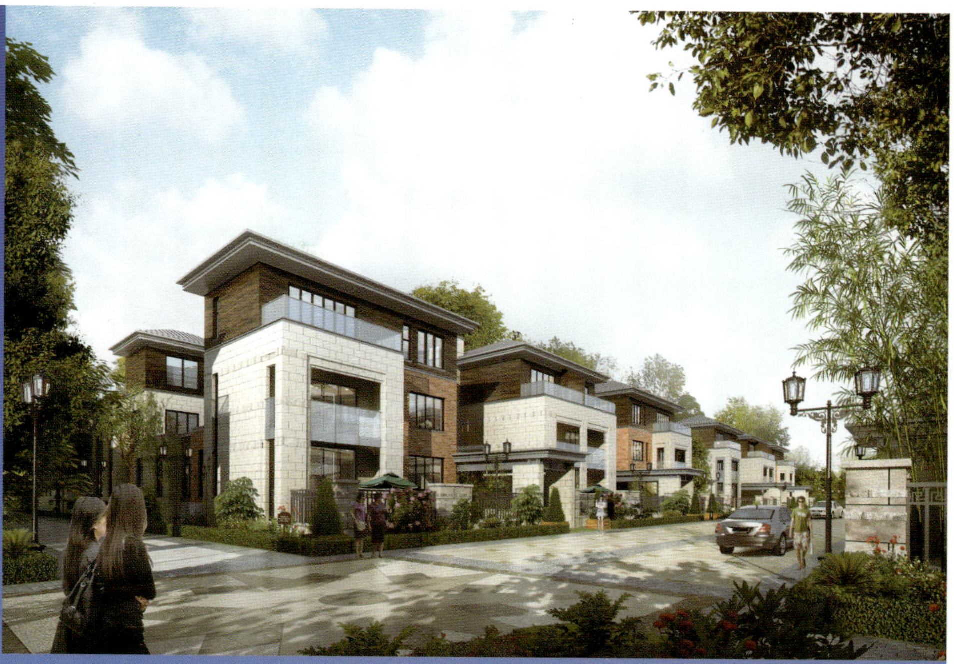

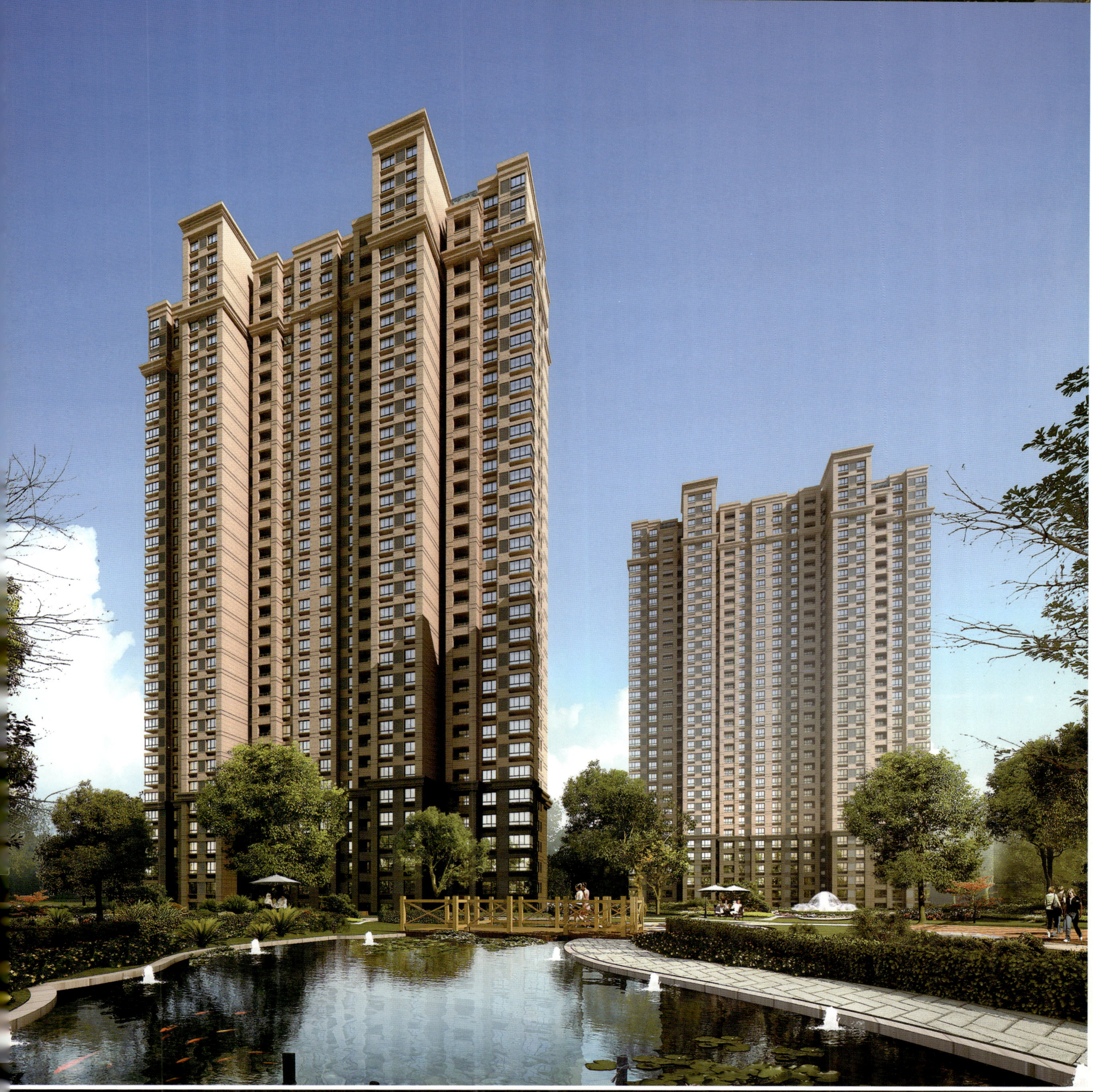

①

①

①

①

①

②

②

① 嘉定住宅

设计单位：现代华盖
绘图单位：上海海纳建筑动画

② 某投标项目

设计单位：森磊国际建筑设计有限公司/陈工
绘图单位：深圳市宜百利艺术设计有限公司

②

内蒙古通辽小区规划

设计单位：北京SYN建筑社稷/邹迎晞
绘图单位：北京龙安华诚建筑设计有限公司

材料行
BH 4298

临沂项目
设计单位：中建上海院
绘图单位：上海赫智建筑设计有限公司

惠州投标项目

设计单位：深圳市博万建筑设计事务所
绘图单位：广州风禾数字技术有限公司

烟台富凯花园

设计单位：大连市建筑设计研究院有限公司
绘图单位：北京天启时代建筑设计咨询有限公司

Centre

瀚博皇家御湾
设计单位：/
绘图单位：沈阳帧帝三维建筑艺术有限公司

保定东湖印象

设计单位：海展德建筑设计有限公司
绘图单位：上海艺酷数字科技有限公司

①

①

① 保定东湖印象

设计单位：海展德建筑设计有限公司
绘图单位：上海艺酷数字科技有限公司

② 吉林省某住宅

设计单位：吉林土木风建筑工程设计有限公司
绘图单位：长春市艺景设计有限公司

① 株洲金域天下
设计单位：株洲佳兆业置业有限公司
绘图单位：广州风禾数字技术有限公司

② 昆明某项目
设计单位：东南大学建筑设计研究院深圳分院/朱工
绘图单位：深圳市宜百利艺术设计有限公司

③ 溧阳团结路
设计单位：上海三益建筑设计有限公司
绘图单位：上海思坦德建筑装饰工程有限公司

②

③

③

③

海城

设计单位：大连都市发展设计有限公司（原大连市规划设计研究院

绘图单位：北京天启时代建筑设计咨询有限公司

青岛星光华府

设计单位：深圳市博万建筑设计事务所
绘图单位：广州风禾数字技术有限公司

① 青岛星光华府
设计单位：深圳市博万建筑设计事务所
绘图单位：广州风禾数字技术有限公司

② 某住宅小区
设计单位：中冶南方
绘图单位：武汉市艺迦艺数码影像有限责任公司

②

②

②

②

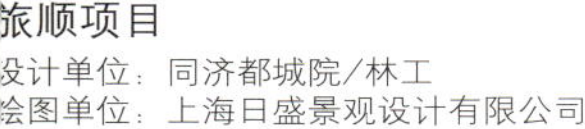

旅顺项目

设计单位：同济都城院/林工

绘图单位：上海日盛景观设计有限公司

① 旅顺项目

设计单位：同济都城院/林工
绘图单位：上海日盛景观设计有限公司

② 常州华润

设计单位：上海三益建筑设计有限公司
绘图单位：上海思坦德建筑装饰工程有限公司

③ 吉林省某住宅

设计单位：吉林省光大建筑设计有限公司
绘图单位：长春市艺景设计有限公司

②

③

山东临淄棠悦

设计单位：深圳迈特建筑设计顾问有限公司/陈工
绘图单位：深圳市方圆空间数字科技有限公司

①

①

①

①

① 张掖住宅
设计师：徐庆国
绘图单位：上海赫智建筑设计有限公司

② 某居住建筑
设计单位：/
绘图单位：沈阳凡艺图文设计有限公司

① 牡丹江
设计单位：/
绘图单位：宁波江北筑景建筑表现设计中心

② 某小区
设计单位：/
绘图单位：宁波江北筑景建筑表现设计中心

③ 某小区
设计单位：丰泰世纪置业
绘图单位：宁波江北筑景建筑表现设计中心

MaxMara
SALAMANDER
DAKOTA

JACK&JONES

天嘉湖规划项目
设计单位：中信地产
绘图单位：天津天砚建筑设计咨询有限公司

烟台马家住宅

设计单位：10studio—藤建筑设计工作室

绘图单位：北京回形针图像设计有限公司

懿品御府

设计单位：青岛黄金时代置业有限公司／周琦
绘图单位：青岛金东数字科技有限公司

利君未来城

设计单位：中联西北工程设计研究院/唐振宇 陈琰
绘图单位：西安筑木数码科技有限公司

HOTEL
NOKIA

利君未来城

设计单位：中联西北工程设计研究院/唐振宇 陈琰
绘图单位：西安筑木数码科技有限公司

ADD：杭州市西湖区文二路文欣大厦 1503
TEL：0571-88366506　0571-88480565
EMAIL：Firstbuilding@163.com
QQ：1534057895

杭州地衣建筑设计表现有限公司